男孩，12岁请打开

成长型思维指南

[美] 奥卢瓦托辛·阿肯德尔 著　刘朝晖 译

生活·讀書·新知 三联书店　生活書店 出版有限公司

图书在版编目（CIP）数据

男孩，12岁请打开：成长型思维指南 / (美) 奥卢瓦托辛·阿肯德尔著；刘朝晖译. -- 北京：生活书店出版有限公司, 2023.8
ISBN 978-7-80768-416-9

Ⅰ. ①男… Ⅱ. ①奥… ②刘… Ⅲ. ①男性—思维方法—青少年读物 Ⅳ. ①B804-49

中国国家版本馆CIP数据核字(2023)第103882号

插画：何昀鹤

责任编辑　程丽仙
装帧设计　朱丽娜　龚　爽
责任印制　孙　明
出版发行　生活书店出版有限公司
（北京市东城区美术馆东街22号）
图　　字　01-2023-2927
邮　　编　100010
印　　刷　北京启航东方印刷有限公司
版　　次　2023年10月北京第1版
2023年10月北京第1次印刷
开　　本　889毫米×1194毫米　1/32　印张 5.125
字　　数　69千字　图21幅
印　　数　0,001-5,000册
定　　价　49.80 元
（印装查询：010-64004884；邮购查询：010-84010542）

致艾登·詹姆斯、莉奈亚·瑞文和阿莎·伊莉斯，

感谢你们每天的激励，

让我明白没有什么是不可能的。

我爱你们。

目录

简 介

你的声音、感觉、想法和情绪很重要，你也很重要。有种力量，它能让你敢想敢梦。我叫托辛，我每天的工作就是帮助像你这样的男孩解锁这种力量。作为一个治疗专家，我帮助孩子们找回自己的力量并建立自信心。不管你是否听说过成长型思维，你肯定曾经用过它。想想看，你曾经让自己沉浸于某件事或是努力将某件事做得更好——这就是成长型思维的一部分。从现在开始，你将发现更多。

这本书里有你所需要的全部工具，就在你的指尖，它们能帮助你实现最大的快乐和成功。这本书也是一张带领你克服各种障碍和困难的地图。你将会学习怎样设定目标，应对风险，拥抱挑战，改善与家庭、朋友和老师的关系。在你的成长过程中，你会经历不同的学校和社区，正是这些经历塑造了“你是谁”，其中有些境遇会让你感觉很艰难甚至根本无法应对，但通过我们的训练，你将学会面对任何挑战。

让我们开始了解：你是谁，你能做什么？

怎样使用这本书

这本书的读法没有对错之分，我所要求的是你肯花时间来读，并且敞开你的心门。你将会了解到很多新的思想，但是注意不要过载。这本书被分成了不同的章节，你可以根据自己的节奏来安排读书过程。每一章都有很多练习、活动和游戏，它们能够帮助你练习成长型思维技能。祝你玩得开心！你的大脑更喜欢保留那些让你激动的信息。你练习这些技能越多，你从中得到的就越多。

读这本书时，你可以随意翻到任何你觉得有用或有趣的部分，可以按任何次序来练习。当你想要加深理解或是需要更多的练习时，也可以随时翻回之前的部分。你可以尽情将想法分享给家人或可以信赖的朋友，记住问他们问题！因为每个人在他们自己的生活中都有学习、犯错和反复尝试的经历。在你设定自己的目标、找到自我成长路径的过程中，他们会有很多好的想法能给你带来启发。

把这本书看作一个安全空间。这不是一本教科书，读完不会面临考试。当你尝试新事物，面对新挑战，寻找新方法时，要善待自己。记住，没有人第一次表现就是完美的。

现在，拿起铅笔和橡皮，戴上你的“创意之帽”，我们开始吧！

我能 学 做 任何事情

第1章

什么是成长型思维

伴随着你身体的成长，你的脑部也在成长。它以令人激动的方式发生着变化，有无限的学习潜力。从两岁开始，通过每天的生活体验，大脑内部开始发育各种各样的“连接”，也可以说，生活环境影响了脑的发育过程。在你这个年纪，能够说出各种事物的不同，其中有些比较容易，有些则比较难。这时候人们往往表现出成长型思维和固定型思维的差异。

成长型思维与固定型思维

成长型思维意味着相信你自己，相信自己有能力战胜任何挑战。你有没有见过一个婴儿尝试去做一些靠他们自己完全不可能做到的事情，比如走路或者爬高？在尝试和失败之后，他们是放弃了还是继续尝试呢？我从未见过一个蹒跚学步的孩子想要什么东西却没有大人帮助就放弃了。这种付出和坚持就是成长型思维的一部分。

成长型思维的反面是固定型思维。固定型思维会让你认为各种技能都是与生俱来的，如果你不擅长某件事，就永远不会擅长它，不管你付出多少努力。这里有一些例子：

思维对比表

成长型思维	固定型思维
我重视并且欢迎各种反馈，因为它能帮助我学习和成长	我收到的反馈很可能是反对意见
学习滑冰很艰苦，但是我知道我能做得更好	有些人天生就擅长滑冰，我永远和他们不一样
凡事都有可改进的空间	我的文章已经写得很好，不可能变得更好

试一试

我的思维方式

圈出每行中最能描述你自己的示例。一定要诚实，如果你圈出的选项倾向于固定型思维，也不要担心，这很正常。每个人都可能在某些方面表现出成长型思维，而在另一些方面表现出固定型思维。

成长型思维	固定型思维
我认为失败是成长的机遇	如果我不去尝试，就不会失败
我能学习做任何事情	我要么擅长某件事，要么不擅长
别人的成功能够激励我	我嫉妒别人的成功
当我遇到挫折时，我仍然会去尝试	当我遇到挫折时，我会放弃
我喜欢尝试新鲜事物	我只喜欢我熟悉的事物
当我需要帮助时，我会求助	我尽可能避免求助，因为别人会认为我不会
如果我没能一次成功，我会继续努力	如果我不能上手就会，我就放弃，再去试试别的

对成长型思维的研究

三十多年前，心理学家卡罗尔·德韦克博士提出了成长型思维的概念，她通过研究发现有一种力量让你相信自己能够做某件事，并解释了这种“相信”的力量如何影响一个人想要什么以及能否实现目标。德韦克的研究表明，具有成长型思维的人把挑战看作完善自己的路径，他们往往能够更好地面对问题并从中学到经验。

想想看，当你打算做某件事却不知道它的难度时，你的第一反应可能是停下来；然而，如果你坚持去做，围绕挑战做各种尝试，那么你就展现出了成长型思维。德韦克说，成长型思维对成功来说非常关键。

成长型思维技能完全能够通过学习建立起来。当你开始读这本书时，你已经开始学习这些技能。

成长型思维的原则

成长型思维不能被简单地理解为一种形式。下面列出了一些原则，它们共同构成了成长型思维。

- ★ 努力和付出对成功至关重要，不能只靠天赋。每个人都有自己擅长的事，但你仍然需要付出努力，只有这样才能增强和充分发挥你的天赋。
- ★ 失败和错误能够帮助你学习。人无完人，我们每个人都会犯错，重要的是从错误中学习，避免重复犯同样的错误。
- ★ 你能创造积极的想法。当无益的想法滋生时，你可以对它进行重塑，这是排除消极思想的一种方式。例如，“我知道这项任务对我来说太难了，我没必要尝试”的想法，可以被重塑为“这项任务确实很难，但是下次我会做更充分的准备”。

★ 挫折是成长的一部分。犯错时感到沮丧表明你在乎，当你下次做某件事失败而感到受挫时，给自己一些时间和空间认真感受这一点，接下来思考有哪些改进方式。

★ 反馈和批评对改变来说至关重要。接受反馈可能比较困难，不过，当其他人给你反馈时，这也意味他们乐于看到你的成功。

试一试

重塑

让我们来重塑无益的想法。重塑，是当你认识到头脑中存在无益想法之后，用有益想法去替代它，就像对歌曲进行重新编排，使其焕然一新。

将每个无益想法与重塑后的想法用直线连起来。在底部的空白区域写下你脑中有过的无益想法，然后尝试去重塑它们。多练习对各种无益想法进行重塑，你练习得越多，它们对你的消极影响就会越小。

无益的想法	重塑后的想法
我总是犯一些愚蠢的错误	偶尔疏忽不会让我变成坏朋友
我忘记了朋友的生日，我是个坏朋友	我将来会更加仔细，避免犯错
我这次测验不及格，因为我在科学方面很糟糕	多学习，我下次测验会取得进步

发现你的热情

当你对一件事充满热情，你会全力投入进去。想想看，你有没有崇拜的人？他可以是任何人，比如说一位职业运动员、一位世界级玩家，或是你所在地区负责组织各种很酷的活动的童子军[1]领队。事实上，你之所以想到他们，是因为你认可他们的工作成就。他们的热情导致了他们的成功。培养成长型思维能够帮助你找到自己的热情，并将你带到类似的成功道路上。

热情体现在愿意在某件事情上投入大量时间。你所崇拜的人并不是一夜之间就获得了成功。他们也需要从某个地方开始，并运用成长型思维让自己坚持下去。想想看，在某件你特别喜欢的事情中，热情是怎样转化为行动的？例如，你对唱歌或说唱有热情，这种热情激励你去学习演奏一种乐器或敲击节拍。

成长型思维能让你拓展新领域，拥抱新事物，即使一开始你会很纠结。各种新鲜的、令人激动的体验，正向你敞开大门。

---

[1] 童子军（Scouts）是一个让儿童接受军事化训练的国际性组织，最早创设于英国，创始人是英国陆军中将罗伯特·贝登堡（Robert Baden—Powell），著有《童军警探》(*Scouting for Boys*)一书，于1908年出版。到21世纪初，全球近170个国家和地区都成立了童子军组织。——译者注

成长型思维的实际应用

林书豪1988 年出生在美国加州托伦斯的一个中国台湾移民家庭。在整个篮球生涯加入的每支球队中，林书豪都不得不为占有一席之地而奋斗。

在哈佛大学参加大学篮球赛时，林书豪只能充当替补队员，这意味着他无法获得体育奖学金。2010 年，林书豪以选秀会落选新秀的身份加入金州勇士队，但并没有得到多少出场机会。直到 2012 年转会到纽约尼克斯队，他才得到了展现自己的机会。林书豪抓住并充分利用了这次机会，持续创造纪录。

截至 2021 年，林书豪效力过 9 支 NBA 球队，从 2012 年他在纽约尼克斯队大获成功算起，他换了 7 支球队。这种不连续性没有困扰和打败林书豪，他运用成长型思维，让自己在多变的环境中、在每支球队中都能保持最佳状态。

试一试

做张梦想板

在梦想板上列出你感兴趣并愿意深入探索的事，可以用照片、绘画作品、从杂志上剪下的图片来表示，或者写下一些单词、短句代表你最喜欢的活动。在下面的空间制作你的梦想板。当你需要灵感和激励时，来看看这个“视觉集合”。

你的超能力是什么？

超能力并不仅仅存在于漫画书或超级英雄电影里，你知道你也有属于自己的超能力吗？那是你独特的长处和能力。任何你真正擅长的事情都是一种超能力，它可能是积极态度或超出同龄人的阅读能力。就像超级英雄一样，你能用你的超能力来应对挑战、解决问题。你是一个友善的人吗？如果是，这可以成为你的一项超能力。因为友善不但能帮助别人，让人心情愉快，给他们带来笑容，而且能帮助自己度过艰难的时光。

当你按照自己的方式尝试做某件事却不灵验时，使用你的友善超能力吧。与其对自己失望，不如安慰自己，相信自己下次能够做得更好。

试一试

选择你的超能力

每个人都有自己的超能力！找出十个代表不同能力的英文单词并将它们圈出来，看看你拥有哪些超能力。

C	S	T	U	S	C	D	A	W	L
U	A	D	V	E	N	T	U	R	E
R	A	T	H	L	E	T	I	C	S
I	N	H	E	W	B	R	O	H	M
O	Z	U	G	I	R	E	G	O	U
S	L	M	T	S	A	A	A	N	S
I	J	O	R	D	V	D	M	E	I
T	N	R	B	O	E	I	E	S	C
Y	V	D	A	M	R	N	S	T	B
I	F	M	Z	G	Y	G	B	Y	J

- ☐ adventure（冒险）
- ☐ games（游戏）
- ☐ music（音乐）
- ☐ athletics（体育）
- ☐ honesty（诚实）
- ☐ reading（阅读）
- ☐ bravery（勇敢）
- ☐ humor（幽默）
- ☐ wisdom（智慧）
- ☐ curiosity（好奇）

继续前进

你能想到有些事情在做的过程中会变得越来越难吗？这种情况下，你通常有两种选择：第一种是放弃，表现出的是固定型思维；第二种是找到继续前进的方法，表现出的是成长型思维。

咬住一件事情不断坚持的品质，被称作毅力。即使遇到阻碍，仍然努力去做，这就是坚持。虽然这可能很难，但我们每个人都应当锻炼自己的毅力，使自己能够做得更好。你有没有遇到过努力解答一道非常难的数学题，结果却错了的情况？在这种情况下，坚持意味着我们要尝试不同的方法去解答，而不是放弃。

完成一项高难度任务所获得的兴奋度和成就感，是其他事情无法比拟的。当然，说比做容易。新的挑战可能非常可怕，克服困难的最好方式是尽可能往好处想。想象你想要的结果，比如你正在溜冰场打算尝试一些新的坡道技巧，不要被坡道的陡度吓倒，想象自己成功完成了动作。

试一试

毅力测试

让我们先来了解毅力的不同类型。阅读每个场景，接着圈出能展现毅力的回应方式。如果你没有选择正确的回应，也没关系，这是一个学习的过程。我们还有很多东西需要学习。

1. 你在篮球赛中失误了，你的球队输掉了比赛。你会：
   a. 觉得自己不适合打篮球，选择退出。
   b. 花更多的时间与教练和队友们一起训练。
2. 在学校的戏剧排练中，你忘了台词。你会：
   a. 告诉导演你做不到。
   b. 额外花时间背诵台词。
3. 你错过了公共汽车，上学迟到了。你会：
   a. 下次早点从家里出门。
   b. 很难过并责怪自己不是一个早起的人。

答案：1.b；2.b；3.a

成长型思维的好处

拥有成长型思维，能给你生活的方方面面带来好处，无论是在学校还是在家，或是在你的兴趣爱好中。例如，它能促使你养成良好的学习习惯，提高你在学校的成绩。

不管你有多擅长某件事情，总有可进步的空间。当你学习新技能时，毅力非常重要。我们每天都在学习新东西，新技能有时候非常具有挑战性，毅力能够保证你不会半途而废，继续挑战自己，找到更好的方法。

如果你拥有成长型思维，就能从不同角度来看待挑战。在通往成功的道路上，它们将不再是障碍，而是等待你去探索的迷宫。这也意味着你将体验到更多的乐趣。如果今天你抱着成长型思维去奋斗，明天就会是崭新的一天。

我能

帮助脑部

变得

更强大

第2章

头脑越用越强

我们的脑部直到 25 岁才会完全发育成形。即使到了那时，人脑也在不断地适应和改变，感觉很神奇，对吗？事实上，我们之所以在任何年纪都能学习新技能，正是因为我们拥有既神奇又复杂的脑。在本章，我们将了解脑袋里面长什么样，脑的不同部分各自负责什么工作，如何工作。我们将继续探索成长型思维以及怎样用脑来辅助思维。

脑在工作

脑是控制我们身体一切活动的器官，从说话到招手和呼吸，还有身体活动之外的各种事情，如思考、记忆和情绪等。

脑是神经系统的主要组成部分。神经系统是贯穿人整个身体、包含上百亿个神经的巨大网络。神经将信号传递给脑，脑再告诉你的身体如何反应。当你摸到烫手的东西或是闻到美味的东西时，这些信息通过神经被送到脑部。简单来说，人脑就像一台处理各种信息和控制身体功能的计算机，而神经则将信息转发给身体的不同部分。

只要我们活着，人脑就在不停地学习，这可能是通过一种叫作神经可塑性的过程实现的，简单来说，就是脑具有成长和随时间改变的能力。如果你曾经学过骑自行车，你可能会记得第一次骑它的时候有多难，甚至觉得恐惧，但你通过练习最终学会了。

就像肌肉会因为锻炼变得强壮，你的脑也会在使用过程中不断变强。这解释了为什么反复练习做一件事能够引导人脑思考怎样去做，也回答了为什么坚持特别重要，哪怕开始时很难。你正在训练你的脑。

脑的组成

脑由不同的部分组成，每个部分都有自己的特殊功能。我们来看看各部分负责做什么以及怎样工作。

大脑：大脑是整个人脑中最大的部分，负责控制思考、运动和记忆。你昨晚吃了什么？你的幼儿园老师是谁？正是你的大脑让你能够回答这些问题。

小脑：注意你怎样用手和手指翻阅书页，你能精确地做出这些动作是因为小脑。它还负责控制平衡，当你坐下时，你的小脑帮助你保持挺直。

脑干：把手放在你的心脏位置，是否感到它在跳动？脑干负责那些不需要意识控制的功能，比如心跳、呼吸、消化食物以及打喷嚏。反射也由脑干控制，当你掉落某个东西却能在它落地前抓住它时，就是反射在起作用。脑干还连接了你的脑与脊髓。

杏仁核：杏仁核的主要作用是处理和调节情绪。当你遭遇可怕的境况时，它可以让你做出战斗、发冷、逃跑或晕倒等反应。它还在决策过程中扮演着主要角色。如果你被固定型思维主导，可能是你的杏仁核让你怯于接受新挑战，它试图通过回应恐惧来确保你的安全。杏仁核控制你应对危险和生存的能力。

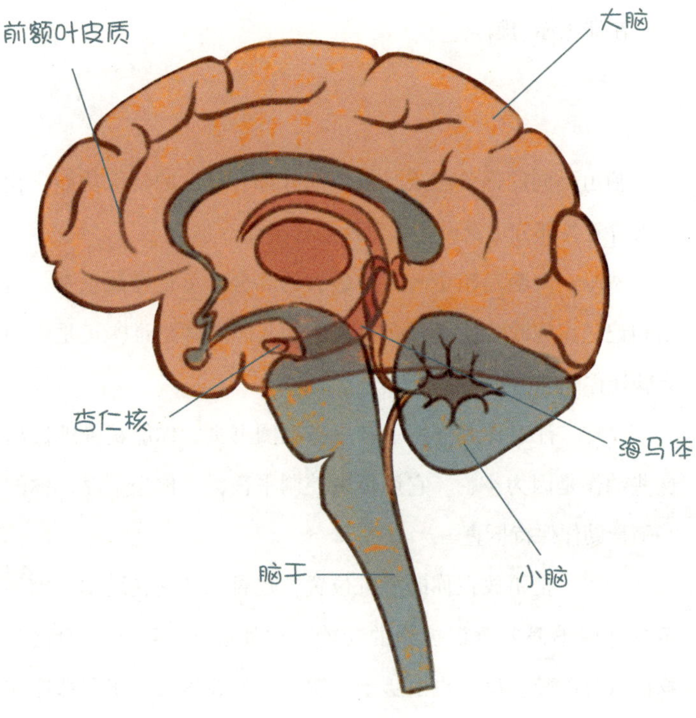

前额叶皮质：脑的这个部分负责选择、规划和自我控制。穿什么衣服、午餐吃什么、计划怎么度过一天，都由你的前额叶皮质管理。前额叶皮质对成长型思维至关重要，它能帮助你应对风险。你不需要担心失败，因为你的前额叶皮质将会帮助你应对所有的挑战。

试一试

凭记忆画图

增强记忆力能够帮助你拓展和拥有一个健康的头脑。现在试试看，观察你家的厨房，试着记住各种器具和设备的位置、橱柜和抽屉的数量、各种东西的颜色……然后到另一个房间，在下面空白处画出你家的厨房，尽可能描绘出各种细节。你的记忆准确吗？有没有遗漏什么？返回厨房观察并做必要的修正。不断重复，直到你对自家厨房有了深刻的记忆。

神经元和神经通路

人体是由几十万亿个细胞组成的，其中，参与神经系统工作的细胞被称作神经元。神经元将信息从身体的不同部位传递到脑和脊髓，它们通过体内化学物质触发的电信号来实现“对话”。但是，信息怎样从一个位置跑到另一个位置呢？这是通过神经通路传输的。我们可以将神经通路想象为连接神经系统不同部分之间的桥梁。当这些通路得到加强，它们会扩展成网络。

细胞分裂产生神经元的过程被称作神经发生。你在出生之前就已经历了神经发生的过程。在婴儿阶段，你的脑部已经产生了很多很多的神经元，超过你一生中可能用到的数量。这是好事，因为神经元为成长和学习创造了条件，好比你有一大盒彩色铅笔，虽然画画时不会每支都用到，但你仍然想全部拥有它们，以便万一能用上。

强健头脑的基石

神经元可以提高你的学习能力，保持思维敏捷，减少焦虑。幸运的是，有很多不同的方法可以促进脑细胞的增长，而且它们都很有趣。下面这些事情都有助于我们拥有强健的头脑，促进神经元的生长。

★ 做心理体操。包括读书，玩拼词游戏、数字游戏，搭积木等。

★ 在安全的前提下多做体育运动。跑步、骑自行车、游泳等都可以促进神经元的生长。

★ 户外活动。阳光能够帮助人体合成维生素 D，产生更多的细胞，这对神经发生是必不可少的。需要注意的是记得抹防晒霜。

★ 吃很重要。没有适当的营养，神经发生的过程很难产生。多吃健康的食物大有裨益。

★ 冥想。压力、焦虑和抑郁等因素会阻碍新的神经元生长，做瑜伽或呼吸训练能够有效地缓解负面情绪。

那么，怎么做才能促进脑的发育呢？答案是犯错误。虽然这听起来让人难以置信，但事实的确如此。当你犯错时，你的脑部会变得特别活跃。看到了吗？脑也希望你努力学会成长型思维。

试一试

心脏锻炼

你可能对锻炼的好处非常熟悉，我们常想到的是更强壮的肌肉、更多的能量、更好的睡眠和更健康的心脏。确实如此，体育运动也影响到我们身体中最重要的器官，你肯定猜到了——脑。

快速跳动的心脏能够促进神经元的生长，增强大脑功能，你每天只需要花 10 到 30 分钟进行锻炼。体育锻炼还能改善你的情绪。现在就开始做这项超级简单的练习吧。

计时器定时 10 分钟，做开合跳或是手臂上举（手臂半举，肘部成 90 度，手心相对，手臂上举，不断重复）。锻炼时可以播放你最喜欢的音乐，注意保持节奏。很快，你会发现自己心跳开始加速。如果你想要更大的挑战，可以试试能否坚持 15 到 20 分钟。

成长型思维的实际应用

Jay-Z（原名肖恩·科里·卡特）被普遍认为是世界上最成功的音乐家之一。在职业生涯的开始阶段，他并不能保证自己获得成功。实际上，在通向成功的道路上，他不得不依靠成长型思维，不屈不挠地跨越很多障碍，其中最大的一个障碍是，多个重要唱片公司都拒绝了他。

Jay-Z 和他的两个朋友认为，如果想继续自己的音乐之路，唯一的途径就是靠自己。他们在 1995 年成立了 Roc-A-Fella 唱片公司。1996 年，Jay-Z 发行了他广受好评的专辑《合理的怀疑》（*Reasonable Doubt*）。这张专辑的发行量超过 1000 万张。

Jay-Z 具有成长型思维，为了实现梦想，靠自己的力量完成一切事情。

健康的用脑习惯

保持脑健康将帮助你拥有长寿和幸福的一生，为此你首先要养成良好的用脑习惯。习惯很难打破，所以越早养成好习惯，就越容易保持好习惯，保持健康。

休息

你知不知道你在睡觉时脑仍然是活跃的？即使睡着了，你的脑还有很大一部分依然保持清醒。睡眠对脑功能的正常运行，包括神经元之间的交流都十分重要。当你处于睡眠状态时，脑会清除各种毒素以保持最佳工作状态。

水和营养物质

多喝水和多吃营养食物，对脑健康有着积极的影响，能让你更专注。在各种需要快速思考和反应的活动中，例如测验和比赛，坚持喝水的孩子通常会表现得更好。

试一试

创建健康食谱

以下是一些著名的“健脑食物”。从每一类中挑选一种食物，做一顿你喜欢吃的“大餐”。务必考虑到你对什么过敏，要选择最适合你的食物。

最好的健脑水果

★ 蓝莓能够改善记忆和脑功能。

★ 牛油果富含能够产生脑能量的营养物质。

最好的健脑蔬菜

★ 芦笋是改善专注能力和学习能力的重要营养物质来源。

★ 西兰花、甘蓝和花菜富含能够修复受损脑细胞的化学物质。

★ 甜菜能促进血液流向大脑前部。

最好的坚果、种子类食物、健康食用油

★ 核桃、南瓜子、奇亚籽和橄榄油含有能够补充脑能量的健康脂肪。

最好的动物产品

★ 三文鱼含有能够提高脑细胞活性的健康脂肪。

★ 草饲红肉含有能改善脑功能的酸。

★ 鸡蛋含有增强记忆力的营养物质。

锻炼

体育锻炼对身体健康和脑健康都有好处，它有助于脑细胞之间产生新的连接，并改善情绪。不过，还有一些专门用来促进脑健康的脑力锻炼，像智力游戏和记忆游戏，可以提升你的记忆力、专注力和创造力。

“不插电”

我们身边有很多屏幕（指电子产品），可以用来做各种事情，比如打游戏、读书、看影视剧、与喜欢的人聊天。这些都是日常生活的一部分，但如果能够断开这些设备的电源，对我们会很有好处，这意味着限制你用在屏幕上的时间。每天花在屏幕上的时间少于两小时的人，通常在语言和思维测试中得分更高。

试一试

睡前数数

当你作息规律、睡眠充足时，你的注意力、行为、记忆力和整体的身心健康都可能会得到改善。你每晚应当睡 9 到 12 个小时，如果你很难入睡或睡眠不佳，试试下面这些办法。

□ 调暗灯光。

□ 睡前洗个热水澡，可以加一些泻盐以更好地放松。

□ 设定闹钟，提醒自己睡前放松一下。

□ 睡前 1 小时避免使用屏幕或其他电子产品。

□ 做一些安静的、无屏幕的放松活动，例如看书。

□ 做一些平静的思维练习，例如从 100 开始倒数。

□ 慢慢深呼吸，吸气四拍，暂停四拍，呼气四拍，保持四拍。重复做。

我能 **重塑** 我的 **想法**

第三章

思维中的意念

你的思维和脑部都在成长和发展，但它们并不是一回事。脑是能被触摸到的物质，但你不太可能这么做，除非你成为一名医生；而思维是不能被触摸到的，思维是你对周围世界的想法和理解。

你在想什么？

意念是你的想法、观点、信念等。当你读到这些词语时，你头脑里听到的声音也是你意念的一部分。你有没有经历过观看恐怖电影之后害怕得睡不着的情况？在你的脑海里，你仍然能听到电影中的声音，看到电影中的画面。尽管你知道电影不是真实的，电影里的事情也不会发生在你身上，想象力却让你有不一样的感受，带来一种情绪反应。

“我们”不等于“我们的意念”。只有在我们选择采取行动时，那些意念才会变成现实。所以，即使电影让你觉得害怕，你仍然可以像昨天晚上一样好好睡觉。也就是说，你可以选择不按自己的意念行事。

什么是正念

正念是意识到自己此刻正在感受和想什么。练习正念的关键是将注意力完全放在自己身上，试着去体会自己的各种想法和感受，不要去评判它们。对自己的想法和感受保持好奇，探索改变它们的方法。

实现正念的一种方式是做几次深呼吸。注意每个想法的来去，就像从一辆行驶的汽车的车窗向外观察路过的树木。有时你可能无法确定你的感觉以及为什么有这种感觉。发生这种情况时，可以将注意力转向感受自己的身体，注意你的心跳和你的姿势，你在咬紧牙关还是屏住呼吸？这可能是焦虑或紧张的信号。这时候你需要松开牙关，让呼吸慢一点。你的身体会告诉你自己是处于放松状态还是不舒服，你要做的就是了解这些信号。

简单的正念活动能够帮助你发展成长型思维，因为你能注意到消极的想法并对它们进行重塑。意识到自己的想法和感受，能帮助你做出正确的、明智的决定。

试一试

人的五种感觉

建立正念的一种简单方法是运用你所有的感官，将注意力集中到当下，保持专注。首先，拿起任何一个你能拿在手里的物品，以舒适的姿势坐下来，轻轻闭上眼睛，用你的手指感受物品的每个部分，探索它的形状、材质、重量和纹理，用你的触觉去感受它在你手中的感觉。然后，睁开眼睛观察它，这个物品看起来是什么样子？它是什么颜色？你能用嗅觉辨别它吗？想想它的气味。你的听觉注意到它发出任何声音了吗？如果这个物品是食物，它尝起来是什么味道？花几分钟时间把注意力集中在这个物品和你的感官上。

意念和身体

有时候，我们会被自己的想法和感受困住。在这种情况下，我们可以将意识放在自己的身体和呼吸上，慢慢停下那些意念。控制自己的意识，你可以运用各种可能的应对技巧，比如呼吸和冥想等正念练习，帮助你把注意力重新集中到当下，避免走神。想法和感觉来来去去，但是呼吸一直与你同在。

将注意力集中在当下，能让你更容易区分想法和感觉。你还记得某个特别沮丧的时刻吗？你能意识到你的身体当时在做什么吗？下次当你感到沮丧或兴奋时，做一个情绪记录，记下你的身体对那种情绪的反应。如果你的身体感到紧张或局促，尝试通过正念练习来调整自己。

试一试

表现你的情绪

选择一种情绪，用你的面部表情将它表现出来，然后用整个身体来表现这种情绪。注意姿势，你的肩膀怎么了？你的心率加快了吗？试着表现不同的情绪，包括快乐、害羞、害怕、生气、不耐烦、沮丧等。当你从一种情绪切换到另一种时，你的呼吸发生了什么变化？

再次表现这些情绪，但这次要努力控制自己的呼吸。慢慢地、深深地吸气、吐气，做深呼吸。当你控制了自己的呼吸时，注意你的身体发生了什么变化。

成长型思维的实际应用

2009 年，**巴拉克·奥巴马**成为第 44 任美国总统。此前，他在 1995 年出版的《我父亲的梦想：一个种族和继承的故事》一书中写到自己的成长过程：由于父亲的缺位，他作为一个由白人母亲和外祖父母抚养长大的黑人，一直在与自己的身份做斗争。

黑人青年奥巴马尽管在成长过程中遭遇到这样那样的挑战，但他始终专注于实现自己的目标。三年级时，他写了一篇关于自己长大后想做什么的作文，剧透一下——他要当总统。奥巴马知道必须付出巨大的努力，才能梦想成真。大学期间，他全神贯注于学习，每天跑 5 千米（帮助增强他的神经元），周日禁食，他的室友甚至称他为“无聊的人”。然而，正是这些付出、坚持和努力，推动他向三年级时写下的梦想前进。

我觉得自己行

你知道自己的头脑里每天都在进行着对话吗？这些对话可能是你完成一项任务或对周围的环境和人进行随机观察时给自己的一些提示。它们都属于自我暗示，可分为两类：积极的自我暗示和消极的自我暗示。你弄洒了果汁，说自己笨手笨脚，这是消极的自我暗示；你承担一项任务之前说“我能搞定”，这就是积极的自我暗示。

当你满脑子都是有益想法时，自我暗示是积极的；当你脑子里都是无益想法时，自我暗示就是消极的。

积极的自我暗示

积极的自我暗示就是向自己展示善意。当你面对困难的任务或是处于消极情绪时，给自己积极的自我暗示特别有用。它能帮你重塑看待挑战或面对挫折的方式。如果你以积极的心态投入一项困难的任务，你更有可能成功。你要全心投入这项任务，不要说“希望一切顺利”，而要说“我能做到”。积极的自我暗示还能够增强自信心，告诉自己“无论发生什么，我都会全身心投入，尽自己最大的努力”，这是非常鼓舞人心的。

有一种练习积极自我暗示的方法是肯定法，不断对自己重复积极的想法。每当你冒出无益的念头时，用肯定的方式来回应，告诉自己有多棒。你还可以用肯定法来提醒自己需要改进的地方。假设你已经注意到自己在努力保持耐心，你的肯定回应可以是“我应该花时间做自己喜欢的事情，享受做这件事情”。正念也是练习积极自我暗示的好机会，当你通过正念专注于自己时，说一些鼓励自己的话，让自己微笑。

试一试

镜子、镜子

看着镜子里的自己，说一说你爱自己的五件事情，比如你的眼睛，你非常关心兄弟姐妹或朋友，等等。把这些事情写在下面。以后需要提醒自己时，你可以随时拿起这本书，找出有关自己的五个积极暗示。

1. ------------------------------

2. ------------------------------

3. ------------------------------

4. ------------------------------

5. ------------------------------

无益的想法

当我们思考消极的事情时，就会产生无益的想法。如果你不能及时发现这些无益的想法，它们就会不知不觉主导你，变成一种自动的思维方式。例如，想象一下这是你到新学校的第一天，你很激动，将要认识新朋友，但是你注意到班上大多数孩子似乎都已经有了朋友，所以你不断告诉自己“我不够酷”。如果你不断重复这样的消极自我暗示，你就陷入了反刍思维。随着时间推移，反刍思维会逐渐发展成你对自己的信念，被称为自我设限[1]的信念。

反刍思维和自我设限的信念会“一起工作”。如果你经常运用反刍思维，大脑原本的思维方式就会被改变，限定你能做什么和不能做什么，并发展成一种固定型思维。让无益想法在脑中反刍，产生自我设限的信念，会让你很难拥有成长型思维。我们都有无益的想法，但你可以选择去改变、忽略这些想法。

[1] 在心理学中，“自我设限”指个体为了回避或减轻因不佳表现所带来的负面影响而采取的能增大失败原因外化机会的行动和选择。例如：在考试前故意不复习，为可能的失败找借口。——译者注

重塑无益的想法

记住，重塑意味着你意识到自己存在各种无益想法，并尝试将它们转化为有用的、积极的想法。如果你一直被无益想法所困扰，你会开始相信它们是真的。这就是为什么我们需要重塑。你对正在发生的事情的思考方式会影响你的感受和行为方式。

识别头脑中的无益想法有时很困难，你甚至可能没有意识到自己的头脑中正在发生什么，所以自我检查非常重要。每当你感到悲伤、焦虑或不舒服时，试着练习正念，注意来自身体的一切感觉：你的手心在出汗吗？你在抖动你的脚或脚跟吗？问自己以下问题：

我能换一种方式看待这种情况吗？

情况有我想象的那么糟糕吗？

我能做些什么让事情变好呢？

重塑你的想法并不意味着你永远不会有消极或无益的想法，而只意味着不让那些消极想法影响你对自己的感觉。学会识别无益想法并逐渐重塑它们，你的思维将转变为成长型思维。

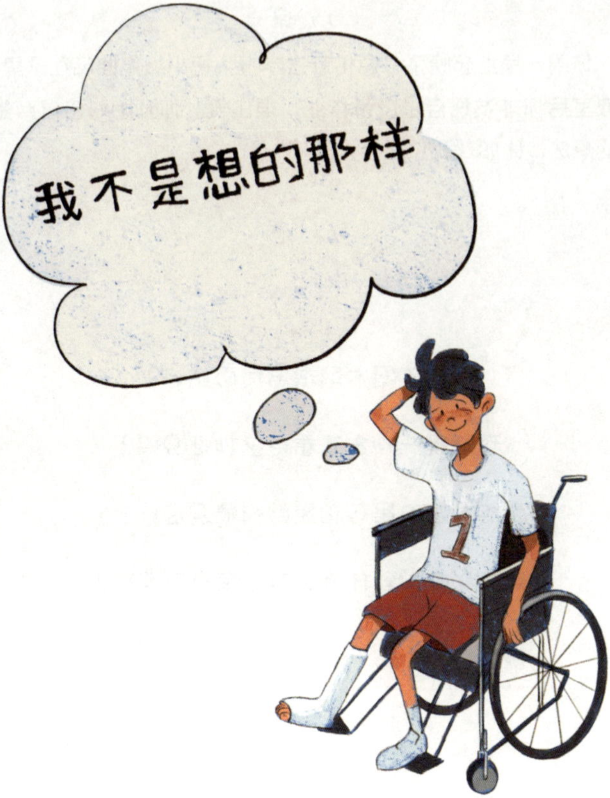

试一试

放松一下

想象自己处于以下场景中，然后用脚本问自己问题，练习重塑自己的想法。

场 景

你周一早上起晚了，急忙赶去学校，把小组作业忘在家里了。到教室后你才发现自己没带作业，很生气。你开始对自己产生消极的想法，比如“我总是让人失望”。

脚 本

我是不是太早得出负面结论？

我能换一种方式看待这种情况吗？

可能发生的最坏和最好的情况是什么？

我能从中学到什么以对未来有所帮助？

思维工具箱

这里有一些培养成长型思维的方法，把它们看作是你正念工具箱里的工具。

- ★ 思维记录法。写下你一天中的一些想法，来练习正念反思。看看你能否辨别出有益想法和无益想法，想出一两个理由来解释为什么这个想法没有益处，是什么触发器或情况导致了无益想法？用你的答案引导你重新思考。
- ★ 腹式呼吸法。把手放在腹部，做深呼吸，用鼻子慢慢吸气，让空气充满你的腹部，屏住呼吸数到四，然后慢慢呼气。不断重复，直到你感到平静。
- ★ 涂色法。涂色有助于将注意力集中到当下，从而缓解压力。画一张简单的图画或图案，然后用心涂上颜色。想想你选择的每一种颜色，注意你是如何运用它的。

对自己要有耐心，有些方法在你第一次尝试时可能并不容易，但随着时间的推移，这个工具箱里的工具将变得越来越容易使用。成长型思维意味着决不放弃，不断尝试和持续改进！

试一试

焦点追踪

认真思考你在本章所学到的所有关于正念的内容。记住，所有这些都是教你关注当下。虽然你的大脑足够强大，能容纳很多想法和感觉，但专注于一件事将非常有益。想想看，当你同时打开多个软件时，电脑的运行速度是不是会变慢？在下面这个焦点追踪游戏中，记录你完成各项任务所需的时间。

任务 1：写出字母表中从 A 到 Z 的字母。

任务 2：写出从 1 到 26 的数字。

任务 3：写出第一个字母和第一个数字（A1），然后写出下一个字母和下一个数字（B2），以此类推，直到写出 Z26。

任务 1 和任务 2 总共花了多长时间？

任务 3 花了多长时间？

尝试

新鲜

事物

让我快乐

第4章

做勇敢的人

勇敢意味着有力量面对挑战，即使你觉得害怕也要去做一些事，不会被恐惧阻止。勇敢有很多不同的表现，它们都可以帮你形成成长型思维。任何时候，只要你坚持并克服恐惧，都是勇敢的行为。

恐惧无处不在。害怕做某些事很正常，尤其是第一次。想想你做过哪些最有挑战性的事情，可能是第一次骑自行车，第一次自己去学校或者第一次离家参加活动营。如果你做过任何这类事情，那么你已经拓展了你的成长型思维。

恐惧是人类的一种情绪，它像计算机程序一样被写入了神经系统，并像一种本能在起作用。有时候，如果恐惧是非理性的，那么它就是无益的。非理性恐惧指某件事让你害怕，但实际上没有对你构成危险，比如第一次在舞台上表演，可能看起来很可怕，但你真的有危险吗？站在观众面前并不会伤害你，所以不要让这种恐惧占据上风。

走出自己的舒适区

我们都有让自己感到自信的活动和感到舒适的场所。第一次接触的事情很多都让人感觉棘手或是不自然，但后来我们变得非常擅长，觉得它们不再具有挑战性或可怕。

还记得你第一次玩一款新的电子游戏吗？你可能手忙脚乱，不知道该按哪个按钮；你可能需要花好几个小时才能通过一个关卡。如果你就此放弃，回去玩熟悉的老游戏，这便是停留在自己的舒适区。舒适区很安全也很好，但如果你在那种安逸状态待得太久，可能会错失良机。新游戏可以给你带来新的乐趣，与朋友产生新的共同语言。

让自己走出舒适区吧，这会给你带来一种成就感。

不确定很正常

我们的恐惧往往来自未知。结识新朋友或尝试新事物可能让人感到害怕。感到不确定是正常的，你可以拥抱恐惧，并借助它走出自己的舒适区。当你感到不确定或害怕时，试试下面这些小贴士。

★ 承认感受。无论是面对恐惧、焦虑还是不确定感，告诉自己有这些情绪并不羞耻。你有这样的感觉是有原因的，承认并接受你的感受，对自己说："我很紧张，因为这是我第一次做这件事，我不知道会发生什么。"

★ 寻求帮助。当你遇到感到紧张的事情时，可以找有过同样经历的人谈谈，告诉他们你的担忧。了解通常可以缓解恐惧。如果可能的话，请一个你信任的人陪你完成整个过程。

★ 小步前进。你并不需要在一瞬间就变得勇敢。慢慢来，一天进步一点，看到积极的变化会增强你的信心。

★ 想象成功的场景。如果你对比赛感到紧张，尝试这个正念练习：在比赛前想象自己跑过终点线，身边围绕着你的亲朋好友。

★ 将失败视为经验。当你知道自己总能从失败中获得经验并借此变得更好时，就不会那么害怕失败了。

试一试

画　图

想想你希望学习或体验的新事物，例如加入某个俱乐部、进行一场艰难的对话，或学习一门新语言。在下面为这件事制订一个计划：在第一个框中，画出你正做自己熟悉的事情；在第二个框中，画出自己打算尝试的新事物；在最后一个框中，画出你正在完成新事情。用这张图来展现你的成长过程。

舒适区

学习区

成长区

保持好奇心

好奇心是通过提问或观察来了解事物的一种欲望，也是动机背后的驱动力。好奇心会让大脑记住你正在学习的东西。如果没有好奇心，我们会更倾向于固定型思维。你应当拥抱自己的好奇心，并把它作为直面恐惧的动力。

好奇心不仅限于人类，所有物种都是通过好奇心来学习和成长的。比如狗，如果它们对什么东西感到好奇，就会显得很警觉，耳朵和尾巴会竖起来。你遛狗时也会发现，它们直接朝某个东西走过去，不断绕着它转圈，专心地嗅。这就是好奇心，它们想知道自己闻到的是什么。

以下是一些有助于培养好奇心的小贴士：

★ 拥抱不确定性。
为自己有所不知而感到高兴，借此去学习新东西。

★ 查找信息。
当有新事物引起你的注意时，
让自己保持好奇心，并去了解更多。

★ 每周读点新东西。
可以是任何内容，不用耗费太多时间。

试一试

收集知识

让我们通过与生活中的人建立联系和交流，来拥抱好奇心吧。你的亲戚和朋友都有不同的兴趣领域，你可以充分发挥你的好奇心，学到一些你平时无法学到的东西。

你可以扮演脱口秀的主持人，甚至可以给你的节目起一个专属名字。邀请你认识的人来节目做客，面对面问他们一些问题，例如：他们在哪里出生？他们会说另一种语言吗？他们想分享什么有趣的故事？告诉他们你在这本书中学到了什么，看看他们是否有克服困难、完成挑战的故事。

保持上进心

抱负是你想取得成就的一种动力，它可以是你梦想做的任何事情，比如学习弹吉他，以后组建自己的乐队。为了实现自己的梦想，你必须有渴望和决心。到目前为止，在本章中，你学到了如何克服恐惧、变得勇敢和走出舒适区，不凡的抱负能让你成功面对挑战。

有时候梦想太大会给自己带来很大压力。发生这种情况时，小心不要陷入无益想法，使用你目前已学到的所有工具，用健康的方式实现抱负。例如，重塑无益想法，别让它们阻碍或限制你的雄心壮志；用肯定法提醒自己有能力实现抱负。记住，犯错对学习是有好处的，每一次挫折都让你更加坚强，更有能力应对未来的挫折。

实现抱负可能很难，一定要记得运用你的成长型思维技巧，并在过程中找到快乐。

试一试

雄心勃勃!

花几分钟想想你喜欢做的三件事，例如烹饪、跳舞、打曲棍球，把它们写在第一列。接下来，想想你学到的关于抱负的一切，在第二栏写下你如何满怀雄心地做你喜欢的这件事。下次做这些事情时，以此为激励。我们为你提供了下面这个示例。

我喜欢做的事	我的雄心
烹饪	为全家准备一顿饭

成长型思维的实际应用

美国发明家**托马斯·爱迪生**曾说过："你必须学会聪明地接受失败。失败是世界上最伟大的艺术之一。人应当朝着成功的方向失败。"

据说爱迪生失败了数千次，才在 1879 年制造出第一个商业意义上成功的灯泡。在研究新式蓄电池时，他做了 9000 次实验才找到解决方案。爱迪生一生中发明了 1000 多种东西，包括留声机和有声电影。

托马斯·爱迪生在面对失败时展现了坚韧不拔的毅力，并用成长型思维重新审视自己的错误。

承担健康的风险

敢于承担风险是成长型思维的重要组成部分，这意味着做一些可能以损失或失败告终的事情。有些风险是危险的，永远不要尝试。我们关注的风险被称为健康的风险，是安全的、有助于你学习和成长的风险，比如参加选秀节目试镜、尝试新的爱好和竞选班长等。

风险不一定可怕，下面介绍了判断是否值得承担风险的方法，你只需问自己以下问题：

★ 冒这个险我能得到什么？

★ 其他人冒这个险会得到什么？

★ 大人会为我这样做感到骄傲吗？

★ 我能从中学到什么？

承担健康的风险有不少好处，比如增强自尊心，在生活中承担更多的责任。

试一试

准备承担风险

冒险可能很可怕，但不要让这种恐惧或不确定性阻碍你学习新东西。在冒险之前和冒险过程中，记住以下小技巧。

练习积极的自我暗示。这会提高你的自尊心，鼓励你克服恐惧。

坚持。即使遇到困难，也要坚持完成任务。

必要时寻求帮助。敢于承担健康的风险并不意味着你必须一个人去做。

善待自己。当你的思想处于挣扎或身体感到疲惫时，停下来，休息一下。

走出舒适区。知道舒适区的终点和成长区的起点在哪里，往更远处走，不要害怕犯错。

出错了怎么办

冒险意味着可能出错。有时我们害怕冒险是因为想得太多了，过于关注那些可能出错的事情。想象一下，学游泳让你感到兴奋，但在游泳课前几天，你开始担心自己无法在水中浮起来，那似乎是不可能的。于是，上课前一天，你开始肚子疼。

你所经历的被称为“焦虑循环”。这是一种持续不断的负面思维模式，会阻碍你发展成长型思维，因为它阻止你尝试新事物。

如果你发现自己陷入了焦虑循环，提醒自己“感觉害怕很正常”。在这种情况下，你首先要承认自己对游泳存在恐惧，然后重塑那些无益想法和自我怀疑，比如“我能学会，教练会帮助我；我会穿上救生衣保护自己”。这种重塑将帮你走出舒适区，进入成长区和学习区。

建立自信

自信是相信自己能做某事的感觉或信念。在成长型思维工具箱中，自信是除勇敢之外的另一个强大工具。自信会让你敢于承担健康的风险，防止陷入焦虑循环。每个人都有不同程度的自信，其强弱程度取决于挑战内容的不同。你可能对自己的歌唱能力很有信心，这种自信可以通过你学习新歌曲的速度展现出来。另一方面，你可能对自己的运动能力不那么自信。在掌握某项足球技术之前，你需要大量的训练。这可能令人感到沮丧，但完全正常。没有人在第一次尝试时就能做到完美，你的自信能帮你在遇到这些情况时继续坚持下去。

有很多提高自信心的方法，比如：

- ★ 积极的肯定。如果你对自己缺乏信心，每天提醒自己有多棒，这会很有帮助。
- ★ 庆祝自己的所有胜利。无论多么微不足道，每次胜利都是朝着正确方向迈出的一步。当你完成一项任务或让别人笑了时，拍拍自己的胸口。
- ★ 善待自己。没有人对世上一切都充满信心。自信通常是通过时间和经验建立起来的，善待自己有利于建立自尊，增强你的自信心。

试一试

创作迷你漫画

想象一下，你有一场钢琴独奏会或一场重要的网球比赛，你已经为此练习了好几个月，一直觉得自己做得很好，但在换装准备上场时，你开始感到紧张和不确定。画一幅漫画展示这段经历，包括你可能会说的积极肯定自己的话语。在最后一幅漫画中，展示你在一直练习的事情上取得了成功。

我把失败

看作

成长的

机遇

第5章

犯错也不怕

每个人都会犯错，无论他们是某方面的专家还是初学者。如果整个过程一切顺利，那自然是最好的结果；但如果犯了错，也没关系，错误是帮助你学习和成长的宝贵工具。

没有人是完美的[1]

追求完美是培养成长型思维的最大障碍之一。把一件事做到完美是不可能的，因为“没有人是完美的！”——你可以大声读出这句话。

完美主义指的是一个人极度追求完美，不接受来自自己或他人的任何缺憾。举个例子，由于舞蹈团的队友在排练时不能完全同步，你就拒绝与团队一起演出。这样的完美主义会伤害你，让你无法体验表演的乐趣，而你的队友还在指望着你。

当你或周围的人无法实现那些不切实际的期望时，你会感到非常沮丧。发生这种情况时，你可能会彻底放弃。过分挑剔的人每当遇到消极情况就会责备自己，他们苛责自己而不是所犯的具体错误，而且经常逃避承担健康的风险。

如果一个人是完美主义者，他可能很难建立成长型思维。

[1] 此处英文原文为 Pobody's Nerfect。作者故意将 Nobody's Perfect 前后两词的首字母做了对换，表达没有人是完美的，就像人人都会出现拼写错误，但拼错了也不影响理解。换句话说，不完美也无伤大雅。——译者注

过于追求完美会让他无法享受活动过程和发展新的爱好，因为他会为犯错误而感到焦虑。可以尝试以下方法来克服完美主义。

自我同情。同情是意识到别人的困难并采取行动关心他们。有时候，同情他人比同情自己更容易。当你在艰难的任务中挣扎时，告诉自己这是一个学习的过程，你正在竭尽全力。

平衡自我完善和自我接纳。永远不要说自己不够好，相反，提醒自己还有改进的空间。接纳自己的成长区，同时努力提高、完善它们。

记得要开心。要享受你正在做的事情。如果你感到乏味，不妨休息一下，做一些让自己快乐的事情。

试一试

重新定义“完美”！

写下“完美”此时对你意味着什么。

现在我们来讨论一下这个定义。当你明白“完美”只是一个想法时，会发生什么？更酷的是，当你可以定义“完美”时，会发生什么？在这个练习中，你可以把“完美”这个词改成你想要的任何意思。如果“完美”对你来说只是因为尝试新事物而犯了一个有趣的错误，那么这就是它的意思！这样，“完美”才是你想要的样子，而不是别人想的那样。

列出三四项活动，为这些活动提出“完美”的新定义。如果你写下“弹吉他”，完美的新定义可以是“弹一首错误百出的新歌”。不要害怕这些狂野的想法，这就是你眼中的完美。

活 动	“完美”的新定义

新的目标

与其追求完美，不如真正付出努力并持续工作。每个擅长某件事的人都是这样开始的！设定目标时不要追求完美，假如你设定每天写日记的目标，可以先定一个起始小目标：每周写三篇日记。这可以帮你养成习惯，让你更接近你的总体目标。

如果你的大目标是加入国际象棋队，你可以从每天练习一段时间开始，知道自己在加入前不一定要成为最好的棋手，这会减轻很多压力。你可以专注于提高自己的水平，为团队选拔做准备。

如果你每天都很难按时起床，不妨先定一个小目标：下周按时起床两次。

把错误当成朋友

拥有成长型思维的关键是理解每个人都会犯错。事实上，犯错是件好事！正是害怕犯错阻碍了你。拥有成长型思维的人非常渴望进行第二次、第三次尝试，同时从之前的错误中吸取教训。这种毅力往往会成就大事。

吼吼哈嘿[1]

犯错后你可能会有各种各样的情绪，包括沮丧、悲伤、愤怒或失败感。你还记得自己有过这些感觉吗？如果有，那你属于多数派。大多数人在犯错后都会这样，这些感觉是有道理的。你可能觉得这个错误本可以避免，但不要让它阻碍你实现目标。

尝试用以下方法帮你克服犯错时可能出现的困难情绪。

给情绪命名。与其说“我害怕”，不如说“这就是恐惧”。识别这种情绪可以让你承认它，同时也能把你与这种情绪分开：你并不害怕，你只是感到害怕。

避免沉迷。花太多时间思考错误会让你感觉更糟。从中吸取教训，然后允许自己放手，去做一些自己喜欢的事。

做一些能让自己心情不同的事。有时候，做与困难情绪相反的事情，可以帮助你走出困境。如果你被不成功的感觉缠住，去玩拼图或拿出铅笔画画吧，反正，去做自己擅长的任何事儿。

---

[1] 原标题为 OOPS，是一个表示惊讶情绪的词。——译者注

试一试

呼吸和反思

想想某次你在学校或家里犯的错误。当你反思这个错误时，密切关注自己身体出现的感觉，说出它们，比如失望、沮丧、生气。用鼻子慢慢深吸一口气，数到三；然后用嘴呼气，也数到三；接着说出下面的句子：

错误会帮助我学习和成长！

重复几次。这种有意识的呼吸将帮助你反思错误，并将其重新定义为一次机会。

从错误中学习

无论是运动、乐器还是魔术，学习新东西都会犯错。从错误中学习要求我们挑战自己，用不同的方式去做事，它迫使我们创新解决问题的方法，帮助我们跳出框框，从不同的角度看待事物。错误鼓励我们变得勇敢并承担健康风险。

如果你犯了错误，不妨表扬一下自己，因为你已经开始尝试了。如果你不练习，你就无法在某些方面取得进步。对尝试过程感觉良好，会鼓励你从错误中吸取教训，然后再试一次。

试一试

挖掘教训

想想你犯过的一个错误，无论大小，可能是错过了课程项目的重要截止日期，或是因为忘记朋友的生日而伤害了他们的感情，可以是今天发生的事，也可以是几年前发生的事。借此机会反思错误，写下你学到的教训以及你将来如何利用它们。

我犯过的错误

我学到的教训

未来，我会——

承担责任

在你成年之前，你的大脑一直在发育。研究表明，青少年的大脑缺乏与成年人同等水平的决策能力。这意味着什么？可以说，你犯错是完全正常的！重要的是为犯的错误承担责任，这能帮你尽可能快速和轻松地修复它们。不要忽视你犯的错误或置之不理。举个例子，你去见朋友，突然想起忘了关家里卫生间的水龙头。这时，你越快告诉家里人，就越能减少由此导致的损失，越能避免给自己带来更大的麻烦。

承认自己的错误可能很难，但就像其他事情一样，你练习得越多就越容易。想想你的感受，你担心其他人的反应吗？不要让情感阻止你开口，相反，让你的感受成为谈话的一部分，用语言表达它们，你可以说“我需要和你谈谈发生的事，但我有点尴尬”。练习如何开始对话，制订计划有助于消除对未知事物的恐惧。

成长型思维的实际应用

泰勒·佩里是一名演员、导演、制片人和编剧。他在家里四个孩子中排行老二，在贫困中长大，成长过程非常艰辛。在看了一集《奥普拉脱口秀》后，泰勒的生活开始发生变化。这个节目告诉他，如果把困难写下来，有时是可以解决的。

泰勒的第一本日记写满了给自己的信，他后来据此写出了第一部戏《我知道我被改变了》。他设法攒了一些钱，租了一家剧院演出这部戏。在付出所有努力之后，第一个周末的演出只有 30 名观众。然而，泰勒并没有气馁。在接下来的六年里，他做不同的工作来维持该剧的制作，有时他甚至因为付不起房租而流落街头。最后，这部剧获得了他所期望的反响。

正是由于这种坚持不懈，泰勒做成了自己想做的事，并在电影事业上取得了成功。

庆祝自己犯错

现在，你已经知道犯错误是常见的事，从错误中学习是自我挑战的一部分。它激励我们尝试不同的方法做事，让我们的生活方式更具创造性和灵活性。这就是为什么你应该庆祝自己犯错，真的！我这是要求你在犯错的时候应该开心甚至高兴得跳起来吗？嗯，是，也不是。我们不应该主动去犯错，但发现错误并利用它来提升自己是值得庆祝的。

当你犯了错，想想你从中学到了什么，认识到自己已经走了多远。例如，你正在做一项科学实验，在尝试了几次之后仍然没有成功，你可以用“还”的力量来庆祝：“我还没有找到这个实验的解决方案……还没有。”

在“失败”[1]（第一次尝试学习）日志中记录自己的错误。一旦成功了，再回过头来逐个检查你面对过的挑战，你甚至可以将某些失败的想法成功地用到另一个项目上，这是不是另一种庆祝方式？告诉你的朋友和家人发生了什么以及你从中学到了什么，把错误重塑成积极的一面。

---

[1] 原文中此处的“FAIL”指 First Attempt in Learning。——译者注

试一试

偶然的杰作

拿些蜡笔、记号笔或彩色铅笔。选择你用得最少的颜色，将所有着色工具放在一个袋子里，摇一摇，将各种颜色的笔混在一起，然后闭上眼睛从袋子中随便抓起一支。无论抓到什么颜色，你都必须用在下面的插图中，直到完成涂色。你会注意到自己在某些物体上使用了不常见的颜色。

看看你的杰作，为你的创造力感到骄傲吧。有些人可能认为红色的云是个错误，但你把它变成了艺术。

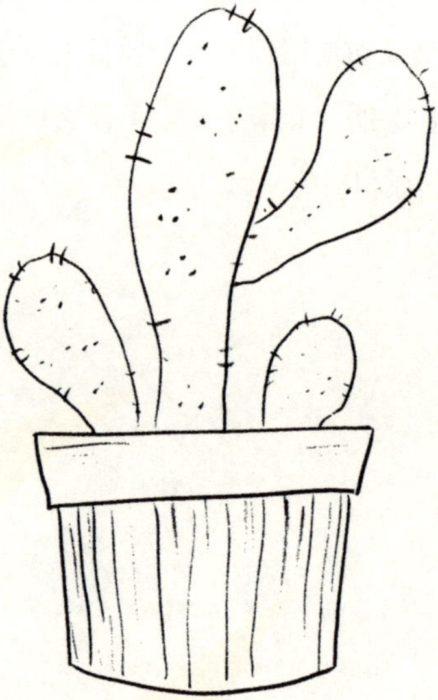

再次尝试！

在本书开头，我们说过面对阻碍时要有毅力。记住，保持韧性和不断尝试非常重要。不要放弃！如果没有一次又一次的尝试，你就无法知道自己的进步，也不能从错误中吸取教训。教训是有价值的，有些教训只能从尝试的过程中才能学到。培养成长型思维包括愿意从错误中吸取教训。

熟能生巧

我们只有通过练习才能取得进步，就像你用这本书来练习成长型思维技巧一样。在其他领域，你也可以通过各种不同的练习来取得进步。练习任何事情都需要时间和耐心，要有意识地把经历集中在一件事情上。有意识的练习意味着找出自己已知的和需要改进的部分，你可以请朋友、老师或教练帮着给些反馈意见。

如果你练习的是已知的东西，不但看不到多大进步，而且可能难以坚持下去。你得不断尝试新的，直到你确认自己已经尽力了。要想取得进步，需要你在自己的成长区不断努力，直到你掌握了那些技能。不要做无效练习来欺骗自己的成长。

“还”的力量

语言是有力量的。“我不能完成这个拼图”与“我还不能完成这个拼图”是不同的。你知道“还”是一个多么有力和肯定的词吗？给某个想法搭配“还”，可以改变你的观点，这将让你更加乐于从错误中学习。

当你说“还”的时候，意思是说虽然你现在不能做某事，但将来会做到的。让“还”发挥力量的最好时机是你意识到自己总使用“不能”之类的词，一旦你发现要说“不能”之类的词，就给它加上“还”。

我（还）不能倒立。

我（还）唱不出这种和声。

我（还）解答不了这道数学题。

你已经成功地将无益想法转变为积极想法！

试一试

成功规划

现在是你运用“还”的力量的时候了。列出你想做但现在做不到的事情，然后计划一段时间，让自己逐渐能完成每一件事。你要切实去想那些通过指导和练习能做到的事。

我还做不到的事情	怎样才能做到 什么时候做到
1.	1.
2.	2.
3.	3.

反馈帮助你学习

你周围的人希望看到你做什么事都能成功。如何成为最好的自己？倾听他们的反馈很有必要。能够接受建设性的反馈，是成长型思维中的一项重要技能，因为你还做不到的事情太多了。在尝试和练习的过程中，你一路上都需要别人的帮助。当然，并不是所有的反馈都对你有用，比如那些与手头任务几乎毫无关系的或者听起来感觉是人身攻击的反馈。如果你不确定一条反馈是否具有建设性，花点时间去想一想，也可以与你信任的人分享。

反馈背后的意图很重要，建设性的批评应该是诚实和有益的，而不是伤人，它应该指出你可以集中精力在哪些方面做改进。下面是一些建设性和非建设性反馈的例子：

建设性反馈：很棒的尝试！让我们团队一起努力，发挥你的射门技术。

非建设性反馈：我简直不敢相信你踢丢了球。

建设性反馈：你做的煎饼很好吃。做得不错！如果在面糊变干之前把搅拌碗冲一冲，就会好洗得多，你也可以早点出去玩。

非建设性反馈：你做早餐把厨房弄得一团糟。你应该懂事点。

当我

遇到挫折

我会

继续尝试

第6章

来吧，挑战

面对新的挑战并不总是那么容易，它会带来挫败感，我们可能会有抵触情绪。抵触情绪就是拒绝接受某件事，尤其是这件事很难处理的时候。关键在于关注这些情绪并倾听它们，然后你就会知道它们想告诉你什么。

挫折在意料之中

挑战是生活中不可避免的一部分，你不是一个人在面对它们。不幸的是，知道即将到来的挑战并不总能缓解随之而来的压力。当你遇到阻碍时，感到沮丧很正常，这是你的身体告诉你正处于一个不熟悉的领域。例如，当你努力完成一项困难的家庭作业时，你可能会有同样的感觉。

这里有几种方法可以帮助你应对挫折并重新定义它们。

★ 寻求帮助。可以通过向他人寻求帮助来克服挑战。求助不会让你变得软弱。

★ 练习正念。正念是应对挫折的有力工具。如果可以的话，找一个安静的地方，专注于自己的呼吸。深吸一口气，然后保持 5 秒钟，再轻轻呼出 5 秒钟。重复 5 次，帮助自己平静下来。

★ **调整情绪。**有些人做一次快速呼吸练习就可以重新进入工作状态，但多数人需要更多时间。你可以暂时中断正在做的事情，休息一下，比如去散散步、喝点水，或者做一些让你感觉很棒的小事。等情绪好点后，再回来继续尝试。

试一试

挫折温度计

回答以下问题，了解自己的身体在你感到受挫时如何反应，然后用挫折温度计来测量你的受挫程度。看看挫折温度计右边的应对技巧，将每项技巧与温度计的不同刻度连起来，看看哪项技巧最能帮助你释放压力。

你不感到受挫的标志是什么？

你感到非常受挫时有什么迹象？

你感到轻度受挫时有什么迹象？

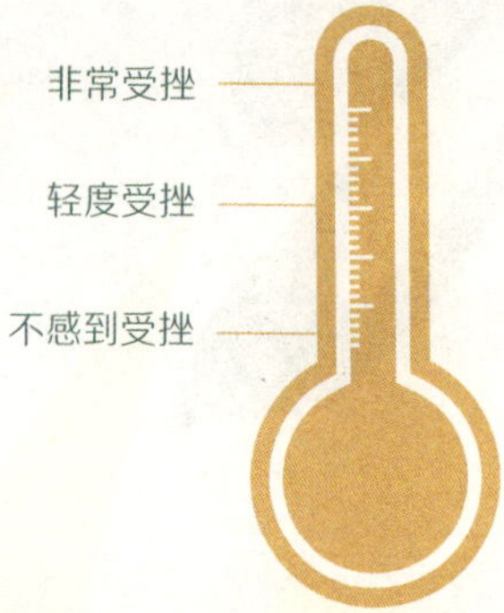

暂停一下

散散步

做瑜伽

读书

演奏音乐

玩游戏

向他人倾诉

拥抱挑战

面对挫折，人们会有不同的反应：有些人封闭自己，变得沉默；有些人会因愤怒或悲伤而哭泣。这些感觉如此让人不知所措，以至于看起来像是世界末日，但事实并非如此。

将挫折转变成行动

尝试通过以下步骤将挫折和限制性的信念转化为有益的行动。

1. 找出沮丧的真正原因。起因是什么？这能帮助你确定采取哪些行动来缓解受挫感。
2. 尽可能出去呼吸新鲜空气。户外活动对身体大有好处，平心静气地走一走，偶尔停下脚步，注意周围的环境，深呼吸。
3. 制订计划。这能带来一种平静与和平的感觉。你的计划可以只是简单地把任务分解成几个小步骤，分时间段逐步推进它们，也可以只确定每个步骤的次序。
4. 关注解决方案而不是问题。列出可能的解决方案，让它们时刻提醒你“问题是可以解决的”。

试一试

受挫感测试

有很多方法可以克服受挫感。看看你能否找到健康的方式来应对自己的问题。

1. 当你发现自己变得沮丧时，该怎么办？
   a. 忽略这种感觉。
   b. 停下来，深呼吸，找出沮丧的原因。

2. 练习正念时，你应该把注意力集中在以下哪一项上？
   a. 让你感到受挫的任务。
   b. 吸气和呼气。

3. 寻找问题的解决方案是处理挫折的有效方法，因为它提醒你“问题是可以解决的”。
   a. 正确。
   b. 错误。

4. 制订应对挫折的计划有助于带来平静感。

a. 正确。

b. 错误。

5. 如何转移你的注意力？

a. 关注问题的不同部分。

b. 把注意力集中在完全不同的事情上，比如散步。

答案：1.b；2.b；3.a；4.a；5.b

专注于你能控制的事情

老是想着你无法控制的事情，会分散你对可控事情的注意力。专注于你能控制的事情，通常能提高你的自尊。如果你曾经参加过一项运动，那你可能已经有所感受。你可以通过训练在自己的位置上做到最好，但如果队友犯了错误或者对手表现得更好，你的球队可能会输。这是你的错吗？不是！你还会对结果感到失望吗？当然会！但你无法控制别人做什么或不做什么。

专注于你能做的并尽己所能吧，这将帮助你在面对艰难的挑战时保持奋勇向前。

试一试

照脚本走

重塑是一种很有用的工具，可以将消极的想法转化为改变和成长的机遇，还能帮助你改变观点。使用以下脚本引导自己回到能够控制的事情上，回答这些问题会帮助你摆脱对自己无法控制的失败的自责。

担心这些有可能改变结果吗?

发生这种情况的其他可能原因是什么？其中有我能控制的吗?

我还能做什么呢?

记住，变化是好事！

你会觉得无聊吗？当你的思想没有受到刺激或者你并不享受手头的任务、体验时，你就会感到无聊。所以说变化是好事。想象一下，你是学校乐队的一员，唯一的任务就是在每个人的独奏结束后敲鼓。你认为自己能坚持多久而不觉得无聊？除非被安排新任务，否则，下个学年你很可能不想再加入乐队。

当一切都保持不变时，你就不再感到兴奋，也不再竭尽全力。我们的身边总在发生变化，这是不可避免的。下个学年，你将面临新的挑战——新同学、新老师，甚至可能是新学校。这就是你不断成长和学习的方式！

成长型思维的实际应用

亚伯拉罕·林肯在成为美国总统之前是一名自学成才的成功律师。

1855 年，林肯受雇处理一个案件，他立即意识到这是一个推动自己职业发展的机会。他全身心投入到庭审准备工作中，尽己所能地学习案件的核心技术。当审判转移到另一个州时，他被调离了案件，但没有人告诉他！林肯准备去工作，却被告知不需要他了。林肯并没有生气地收拾行李回家，整个庭审过程他都没有离开。林肯还不是训练有素的律师，但这些人是，他仔细研究他们，记录他们如何精心设计论点、如何与目击者交谈。他意识到这些人是比自己优秀得多的律师。在那一刻，他发誓要回家学习法律，努力成为一名优秀律师。

面对挫折，林肯并没有崩溃，而是以此为激励来提高自己的能力和上进心。

健康的竞争

有竞争精神是正常的。事实上，人们很多时候自然而然地就有竞争心，甚至自己都没有意识到。健康的竞争可以激励我们做伟大的事情，帮助我们培养同理心、韧性和毅力；但不健康的竞争可能会带来过多不必要的压力，导致消极的自我对话，损害自尊。

健康的竞争不在于结果，也不在于输赢；相反，这是一个享受和学习的过程。在比赛中打破个人最好成绩纪录或在游戏中成功使用新技术，都是健康竞争的例子。

另一方面，如果事情没有按照你的意愿发展，不健康的竞争会产生挫败感。假设你和一个朋友比赛，看谁能最快完成拼图，你非常努力了，但你的朋友比你先完成。你生自己的气，这就让一场友谊赛变成了不健康的竞争。

怎样才能参与竞争而不感到挫败或愤怒呢？玩得开心，专注于你能控制的事情。你无法控制朋友完成拼图的速度，所以，把自己的精力投入到享受过程中，尽最大的努力就好。记住，你总是可以变得更好。

试一试

冻结标记

和你的朋友一起玩“冻人游戏”，至少需要四个人，游戏的目标是避免被追到。先选择一个玩家作为“它”[1]，“它”必须追赶其他玩家，追到后通过轻拍对方来做标记。当你被标记了，必须保持原地不动10秒钟。10秒之后，你就可以自由移动并通过轻拍“解冻”任何其他玩家。

与其他追逐游戏不同，这个游戏没有赢家，5分钟后游戏结束。与其为了赢而玩，不如享受游戏过程而不是结果。

[1] 欧美国家将儿童追逐游戏统称为 tag game，游戏开始时要选出一个负责追逐别人的玩家，这个玩家被称作“它”（It）。——译者注

处理拒绝

每个人都有被拒绝的时候，这在你的一生中会发生很多次：你不可能参加每一支球队的选拔，不可能每一场聚会都邀请你，你也不可能总在学校的话剧演出中扮演主角。关键是不要让拒绝影响你的自尊。你仍然很棒！

一开始你可能会试图忽略或淡化被拒绝，但这会让你感到孤立，不如说出你的感受并反思被拒绝的原因，你必须承认发生了什么，然后才能克服它。你也可以告诉别人你的感受，有时候，知道别人与你有同样的感受会让你觉得安心。

无论你做什么，尽量不要沉溺在负面情绪里。在面对拒绝时，人很容易陷入无益的想法中，但这只会让你不断回忆起被拒绝的痛苦。这个时候，你应当尝试做一些能够改善自己心情的事。

试一试

舒缓转盘

让我们练习用健康的方式面对被拒绝。你需要一支铅笔或钢笔作为旋转指针。现在想象一下，你给一群人讲了一个笑话，却没有人笑。这是常见的情况，会让人产生被拒绝的感觉。

1. 将钢笔或铅笔放在游戏板上并旋转。

2. 无论停在哪个区域，练习这种反应方式。

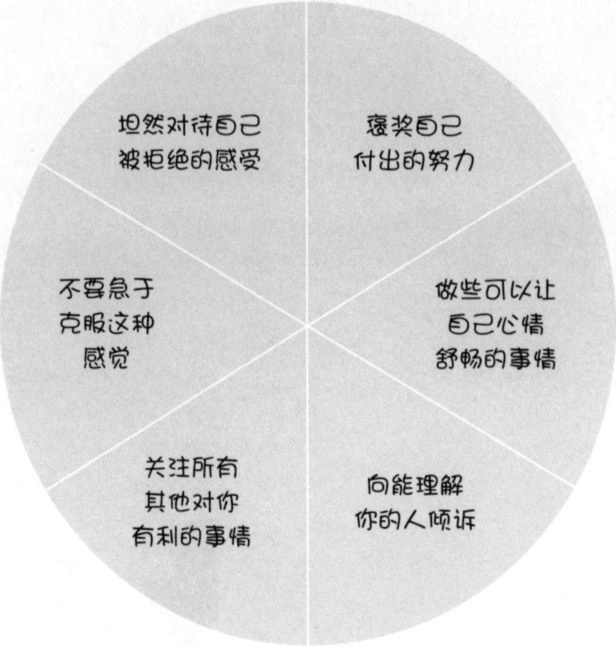

在需要时

我会

寻找

帮助

第7章

共同面对一切

每个人一生中都会遇到挑战。挑战会带来很多情绪，而每个人对这些情绪的反应都是不同的。记住，你并不孤单。如果你正在经历一段艰难的时光，你可以寻求朋友、值得信赖的成年人和社区资源的帮助。

说出来

社会上经常有人告诉男孩，他们不应该哭，不应该求助，甚至不应该谈论自己的情绪，似乎只有女孩才可以这么做，这完全是错误的。不同性别的人都有这样那样的情绪，让你的姐妹或朋友心烦的事情也会让你心烦。与你信任的人分享你的情绪是一种有效的策略。通常，那个人可能和你有共鸣，并提供过去曾经帮助过他们的建议。

当你说出来了，可能就没那么难过了。我们永远不希望自己长期沉溺在消极的情绪和想法中，如果那样，消极情绪不仅会加剧，还会对性格产生负面影响。说出自己的感受，是一种很有效的压力释放方式，会让你感觉好很多。

练习脆弱。脆弱，让你有机会与那些和你有相似经历的人建立联系。听到“我也有同样的感觉”这句话，会极大地鼓励你再次尝试。这些话也提醒你，你并不孤单。

寻求帮助

在寻求帮助的过程中，最难的是知道自己可以信任谁，知道谁会无条件支持你。一旦确定了这些人是谁，你寻求帮助就变得容易了。你开始允许信任的人在你需要时帮助你，这些人不必都是成年人（尽管他们可以是）。根据具体情况的不同，你可能更愿意与兄弟姐妹或朋友分享你的感受，他们会同情和理解你；你也可以找信任的老师、邻居或教练。

当我们与别人谈论我们面对的挑战时，经常会发现他们也遇到过类似的问题。他们可能有我们从未想过的解决方案。

试一试

闲聊

开始对话！找到一两个你信赖的成年人，与他们交谈，询问他们犯错误和克服挑战的经历。记住要问具体、详细的问题，并仔细倾听，这几个例子可以帮你入门。

1. 你犯的错误是什么？

2. 你当时是什么感觉？

3. 你采取了哪些办法来克服挑战？

4. 如果可以重来一遍，你会有什么不同的做法？

成长型思维的实际应用

考阿·鲁道夫在11岁时成为一个由儿童领导的环保组织“植物保护地球”（Plant for the Planet）的大使。幼年时，他在巴西的家中目睹了山体滑坡、石油泄漏和森林火灾。这些自然灾害的经历足以吓倒任何人，但考阿克服了这种恐惧，决定将保护环境作为自己的责任。他开始在巴西城市库里蒂巴植树，助力环境保护。

“我不害怕这个星球的未来，因为我要帮助这个星球。”他说，“我会坚持这样做，我会继续这个项目，你不必害怕。”

考阿不顾恐惧坚持了下来，并在信念中找到了勇气。

沟通入门

沟通是成长型思维的重要组成部分。为了有效地与他人沟通，你可以尝试以下方法。

提出问题。对什么感到好奇？说出来！不要害怕在课堂上举手或问别人感兴趣的话题，你可能会发现一个新的爱好或不同的做事方法。

寻求支持。你还没达到为团队筹款活动卖40个糖果盒的目标吗？向你的家人或任何支持你的人寻求帮助，以实现你的目标。如果你需要更多的帮助，可以联系多个人。

分享感受。有时事情太多会让你分心，试着说出你的感受，为新的有用信息腾出空间。

查找信息。利用你所有的资源，如课本、笔记、视频等任何能接触到的东西，为手头的任务做好准备，这将有助于你更清晰地沟通。

表示感谢。感谢每一个帮助你实现目标的人。这不仅会让你感觉良好，而且听到“谢谢”之后，他们将来也会更乐意帮助你。

试一试

谈话技巧

与成年人交谈有时会感觉古怪和尴尬，这可能是因为你害羞，可能是因为某些话题让你焦虑，也可能你只是对谈话的走向感到紧张。信不信由你，成年人也有同样的担忧。

试着这样开始对话：

嘿，我想和你谈谈

有关 ________。

你觉得什么时间合适？

要注意尊重他人，使用完整、清晰的句子，始终保持良好的眼神交流。最后说：

谢谢你花时间

和我谈这件事。

无论谈话是否符合你的预期，都要表示感谢。

像专业人士一样倾听

善于倾听他人是成长型思维的重要组成部分。为了帮助你成为一个好的倾听者，可以尝试下面这些策略。

集中注意力。当对方说话时，注视对方的眼睛，进行眼神交流。将头转向他们，明确表达你对谈话的兴趣。

倾听是为了理解而不是回应。想象一下，你今天过得很糟糕，你试着和朋友谈谈，但他们没有听你说话，而是不停地打断你，说一些他们认为你想听的话。这是什么感觉？有时候，你只是想让别人听你说并表示同情，而不是试图解决任何问题。

确认你的理解。问一些问题来确认你听到的内容，或试着重复你认为对方所说的内容。你完全理解他们说了什么以及怎么说的吗？这种确认表示你在意他们说的话。

注意非语言暗示。非语言暗示包括我们交流过程中的表情、动作和反应方式，像专业人士一样倾听就是注意别人的脸和身体在说什么。我们的肢体语言和面部表情通常比语言更能表达意思。

试一试

故事接龙

找两个或更多的人和你一起玩这个故事接龙游戏，试着像专业人士一样倾听。首先，某个人说一句台词开始一个原创故事，例如“从前，有个男孩必须在课堂上提交一份历史报告……”，然后按次序，每个人都需要重复前面的台词，再给故事加一句新台词。这样绕两到三圈，每个人都可以加几句台词。你能准确重复所有内容吗？

做自己最好的朋友

你时常对他人有同情心，但对自己表现出同情心也很重要！自我同情是一种理解、接受和爱自己的能力，尤其在遇到困难的时候。对大多数人来说，同情他人比自我同情容易，但我们更应该善待自己，这会使我们更快乐、更自信，更有动力应对各种困难挑战。

当你尝试新事物并犯了错误时，要在学习和成长的过程中练习自我同情。记住，没有什么事情第一次做就很容易，你可能在第二次、第三次甚至好多次的时候还是觉得很难。你可能会感到沮丧，产生无益想法，这很正常。当你觉得气馁时，试着练习自我同情，想一些你喜欢做的事。在你心情不太好的时候，可以做这些事来调节情绪。

另一种自我同情的方式是，像安慰最好的朋友那样安慰自己。当他们遇到困难时，你会说一些消极或令人沮丧的话吗？当然不会！你会支持和鼓励他们。对自己做同样的事。花时间和让你感觉良好的人待在一起，也会有所帮助，远离那些让你自我怀疑的人。

试一试

自我照顾

自我照顾有助于放松我们的身心。从下面的单词搜索中找到九个自我照顾的例子，然后勾出下次你练习自我同情时准备尝试的事儿。

C	I	J	S	J	U	R	C	M	C
Z	X	G	O	C	H	W	Z	U	N
O	M	D	I	U	H	Q	G	H	S
R	E	R	R	O	R	Y	O	G	A
E	D	A	E	B	M	N	U	C	G
S	I	W	A	H	A	K	A	J	S
T	T	W	D	B	E	T	V	L	I
T	A	A	O	D	U	S	H	D	N
G	T	L	O	B	S	G	Z	S	G
J	E	K	I	C	V	P	Y	Y	C

☐ bath（洗澡）　☐ meditate（冥想）　☐ sing（唱歌）

☐ draw（画画）　☐ read（读书）　☐ walk（散步）

☐ journal（写日记）　☐ rest（休息）　☐ yoga（瑜伽）

表现同理心

我们对自己表现出的同情心也应该延伸到其他正面对挫折、沮丧和错误的人身上，这就是同理心。当朋友感到沮丧时，你为他们感到难过，会说一些安慰人心和充满希望的话，这就是同理心的一种表现。即使你没有直接经历他们所遭受的挫折，你也能理解他们的感受。下面是向别人表现同理心的一些方法。

★ 设身处地为别人着想。问问自己："如果是我面对这种情况，我会有什么感觉？我希望得到怎样的对待？"

★ 承认你们的共同经历。你以前有过这种感受吗？让对方知道他们并不孤单，告诉他们你也有过这种感觉。

★ 不要试图解决任何问题。通常情况下，朋友最需要的只是你的陪伴和倾听。

★ 不要做假设。你所做的任何假设都无法完全符合对方的感受，还会使你很难与对方建立一种坦诚的联系。

培养同理心需要进行大量练习，你练得越多，就越能对他人表现出同理心。

试一试

给它起个名字

通过同理心游戏练习设身处地为别人着想。你只需要一个骰子，如果没有骰子，也可以把数字 1 到 6 写在小纸条上，然后放在帽子里。

掷骰子或从帽子里摸一张小纸条。无论你得到什么数字，想象自己处于相应的情况下会有什么感觉，你希望别人怎样支持你。

1. 一个朋友的宠物走丢了。
2. 一个堂兄弟没能入选足球队。
3. 一个朋友没有被邀请参加聚会，但你被邀请了。
4. 一个同学考试不及格。
5. 一个同学把午饭忘在家里了。
6. 今天下大雨，你的兄弟姐妹忘了带伞，浑身湿透了。

我会
庆祝
我的
成功

第8章

潜力无限

你的潜力是无限的。这意味着，如果你继续发展成长型思维，就没有什么是你做不到的。我们一生中免不了遇到各种阻碍，免不了要犯错，不要被它们带偏。从这本书开始，有很多资源可以帮助你、指导你。

让自己发光！

你是独一无二的，地球上没有人和你一模一样。做真实的自己意味着承认和接受自己的感受，无论是积极的还是消极的，并以符合自己价值观的方式行事。真实就是勇敢！我们都有自己想要改进或需要改进的地方。也许你需要锻炼一下自己的耐心；也许你还在努力防止自己分心，以更好地完成目标。不管你在做什么，记住你学到的关于自我同情和同理心的知识。自我同情是在事情不顺心时通过保持热情和理解来善待自己，同理心有助于你理解他人的感受，两者都能帮助你做真实的自己。

“邻家芳草绿”

让自己发光，关键是了解自己的优势和成长领域，每个人都有优点、缺点、成功和失败。人们很自然地会拿自己和别人做比较，其实，没有人比别人更好，包括你！我们都曾把自己和别人比较，但这会导致焦虑和压力，所以应尽量避免。让我们来看看避免攀比陷阱的一些方法。

每当你拿自己和别人比较时，接纳它。你可以说“我又做了一次，我拿自己和……做比较”之类的话。当你没有达到目标时，与别人比较会成为一种自动反应。与其拿自己和别人比较，不如承认自己的不足，然后想想你可以做些什么不同的事。

增强自我价值感。当你逐渐长大并发现自己的个性特点和兴趣点时，记住你是独一无二的。你的想法和感受是你的，且只属于你；你知道自己多么特别并不断提升自己。

把比较变成感激。挑战自己，去找一些值得感激的事情，比如“我很感激我有机会参加网球比赛，尽管我没有赢”。

试一试

画张自画像

画自画像能帮助你反思自己有哪些独特的品质。正是这些品质让你成为你，而不与其他任何人比较。在下面的空白处“画”出你的内在力量和你拥有的特殊能力，可以是符号、图形或支持你的朋友和家人。作为一项附加挑战，你还可以试着不使用任何书面文字。

成长型思维的实际应用

塞萨尔·查维斯是美国第一个农场工会——美国农场工人联盟的联合创始人。他是“移民工人”（为找工作四处迁徙的人）的坚定支持者。他的呼吁引起了全国对恶劣工作条件的关注，并导致了改革。塞萨尔通过组织非暴力抗议、游行和抵制活动来捍卫农场工人的权利，争取公平的劳动合同和更高的工资，改善工作条件。

为了创建工会，他必须克服加州农业企业的强烈反对。塞萨尔把自己童年在恶劣条件下采摘葡萄和棉花的挫折感发泄出来，转化成动力，用他对工人们的同理心鼓舞自己前进，即使感觉很多人在反对他，他依然努力工作。塞萨尔的口号“是的，我们可以”（Yes we can），充分体现了他的勇气和决心。后来，这个口号被奥巴马总统用在自己的竞选中。

让自己梦想成真

我们每个人都有梦想，它不是晚上睡觉时做的梦，而是我们在生活中想要实现的、或大或小的愿望，可能是一份我们想从事的工作，也可能是在毕业典礼上做告别演讲。没有人能在不克服挫折和障碍的情况下就实现自己最大的梦想。不过，别担心！你可以使用多种策略来征服挑战，实现你的梦想。

设定目标

目标有两种：长期目标和短期目标。长期目标是你希望在未来几个月或几年之后实现的目标，比如成为学校篮球队下个赛季的首发球员。短期目标是你想尽快完成的事情，比如用一个周末通关某个游戏。把长期目标分解成一系列较容易做到的短期目标，会更容易实现。

当你设定目标时，问自己以下五个问题。

1. 我想实现什么目标？明确自己想要什么。
2. 我将如何跟踪这个目标的进展情况？
3. 这个目标我能实现吗？保持务实。
4. 这个目标符合我的价值观和兴趣吗？
5. 我什么时候能实现这个目标？设定时间表。

举个例子，你想成立一个科学俱乐部。你可以将目标具体定为：俱乐部将有10名会员；会员期为三个月；每周开两次会，会议时间安排在下午3点15分到4点15分；三个月后，俱乐部将提交一个关于沉积岩的项目。这是一个很好的目标，因为它回答了前面的五个问题。

试一试

目标设定

现在你知道了成功的目标包括哪些因素，看看你是否已经完全掌握。记住制定目标应具备五点：具体、可追踪、可实现、有相关度，并设定实现目标的日期。看一看，下面这些目标能否成功？

是	否	
☐	☐	1. 我想养成早起的习惯，这样上学就不会迟到了。
☐	☐	2. 我要在开课的前两周与每一位老师见面，与他们建立关系，了解他们的期望。
☐	☐	3. 今年，我将至少提前一天完成所有作业，以避免匆忙和混乱。为做到这一点，我会按照截止日期的顺序列出所有作业，并按照该顺序完成它们。每个星期天晚上我会花 15 分钟来确定这一周有哪些任务需要我注意。
☐	☐	4. 我打算一天内做完所有的家务，这样其他日子就不用担心了。

答案：1. 否；2. 是；3. 是；4. 否

解决问题

到目前为止，你已经知道在通往成长型思维的道路上会有不同类型的障碍和挑战，帮助你实现梦想的一项重要技能是解决问题。在美式橄榄球比赛中，四分卫在比赛中解决问题的方法是“喊叫”——把策略向队友们喊出来，而不是停下来或呼叫暂停。

解决问题要求提出新的方法来完善技能，从错误中学习并找到答案。当你遇到问题时，请遵循以下步骤：

1. 确定问题。如果不知道问题出在哪里，就无法解决。
2. “头脑风暴”出三个可能的解决方案。
3. 分析每个解决方案的利弊。
4. 选择一个解决方案并尝试。

记住，如果第一个解决方案不起作用，还可以尝试另一个，有时我们需要多次尝试才能成功解决问题。

试一试

障碍穿越赛

和朋友一起在家里或户外用枕头、纸或纸板做一个障碍跑道。你们的目标是在不穿过“熔岩”（指放置的物体周围的地面）的情况下到达场地的另一端。轮流完成障碍穿越训练。这是一个策略问题，所以必须思考：最简单的路径是什么？最快的路径是什么？试着用尽可能少的动作到达另一边。如果你掉进“熔岩”，考虑一下哪里出了问题，并制定一条新路径。

拥抱灵活性

要想成为一个好的问题解决者，得具备灵活性。灵活性意味着你能够改变自己的计划、期望和方法，而不会失去勇气，更不会放弃。有时候成功只需要适应能力，这是在不完全改变计划的情况下调整或修改计划的能力。假设一个成年人开车送你去学校，车在路上出了问题，你会通过另一种方式（比如搭乘公交车）去学校来适应这变化，而不是因为最初的计划行不通就放弃上学。

保持好奇心，拥抱灵活性，会让你看到其他更有用的选项。不要太执着于固定的计划，灵活性意味着有能力和意愿去改变。不过，改变并不总是那么容易，特别是当你认为自己有一个伟大的计划却突然被要求改变方向的时候。如果你需要求助，先确定谁能帮助你。

试一试

猜谜游戏

玩猜谜游戏至少需要两个人。首先，选择一个主题，可以是著名的电影角色、食物种类或其他任何东西。游戏的目标是在不使用语言的情况下把人名或东西表演出来，让你的队友猜出正确的名字。

如果你最初的手势无法被队友理解或是被猜错，那就调整并尝试不同的动作。为了增加压力，可以将每人每轮的时间定为一分钟。在完成几轮游戏后回想一下：轮到你的队友猜时，你的灵活性是否难以发挥？当你改变一个词的表达方式时，它变得更容易猜了还是更难猜了？

庆祝你的成功

紧紧拥抱自己吧！你已经读完了这本书，你没有放弃！有些事情你还需要继续努力和练习，享受其中的乐趣。你的练习做得很棒，你应该感到骄傲。

当你继续发展自己的成长型思维时，花点儿时间认可自己的成功和努力是非常重要的。确认发展过程中的每个里程碑，会鼓励你继续前进。庆祝活动不一定要盛大或热闹，你所需要的也许只是对自己说几句赞美的话，然后和镜子里的自己碰碰拳；你也可以和身边的人分享这个消息，告诉那些帮助过你的人——你已经读完了这本书。

试一试

制作证书

你做事很努力，庆祝自己的成功吧！制作一张证书来表彰自己的坚持和付出，可以在上面写一个值得肯定的点，两个你想记住的要点，以及一两个你相信会永远陪在你身边的人的名字。

读完这本书对你意味着什么？画一幅创意非凡、色彩丰富的画来表达吧。你值得拥有这些！

梦想远大！

你可以做任何你想做的事，你所需要的是正确的态度、支持你的人和成长型思维。记住使用本书中的所有资源，继续用肯定法来激励自己；重塑无益想法，将消极情绪踢出你的人生旅程；接受自己的缺点，然后努力把它们变成优点；在遇到困难时以同情心善待自己，在别人遇到困难时表现出同理心。

你已经准备好面对这个世界，做最好的自己，你能行！

关键词

重塑（reframe）：用不同的方式表达一个想法。

触发器（trigger）：唤起有害经历的记忆，产生强烈情绪反应的事物。

脆弱（vulnerable）：愿意表现出自己的情绪或软弱。

大脑（cerebrum）：脑的一部分，负责将感觉和神经功能与非自主身体活动相结合。

毒素（toxins）：主要由蛋白质组成的有害物质。

反刍思维（rumination）：在脑海中反复思考某件事。

反馈（feedback）：提供给某人有关其任务执行情况的信息。

感官（senses）：视觉、嗅觉、声音、味觉、触觉。

脊髓（spinal cord）：在脑和其他身体部位之间传递信号的一组神经。

焦虑（anxiety）：对某事感到担忧或不安。

肯定法（affirmation）：正面的、重复的陈述，帮助战胜负面想法。

冥想（meditation）：一种训练专注力、注意力和意识的心理练习。正念是一种可能的冥想技巧。

脑干（brain stem）：脑的一部分，负责管理心跳、呼吸、消化食物和打喷嚏等自动完成的身体功能。

前额叶皮质（prefrontal cortex）：大脑中控制选择、决策、计划和自我控制的部分。

韧性（resilient）：遇到挑战和困难后能够迅速复原。

神经发生（neurogenesis）：生长新神经元的过程。

神经可塑性（neuroplasticity）：脑在人的一生中不断变化和成长的能力。

神经通路（neural pathways）：脑细胞之间的连接，使人能够学习新事物。

神经系统（nervous system）：由脑、脊髓和神经组成，控制身体的一切活动。

神经元（neurons）：组成神经系统的细胞，负责在人体内传递信息。

舒适区（comfort zone）：一个让你感到安全和可控的地方。

同理心（empathy）：理解他人的想法和经历并对其保持敏感的能力。

细胞（cell）：生物体基本的结构和功能单位。

想象（visualize）：在脑海中形成画面。

小脑（cerebellum）：脑中负责调节肌肉活动的部分。

泻盐（Epsom salts）：无色晶体，可溶于水，据说对身体有镇静作用，有助于休息和放松。

杏仁核（amygdala）：人脑中与情感记忆相关的部分。

毅力（perseverance）：即使遇到困难仍能坚持做某事的能力。

正念（mindfulness）：意识到并生活在当下，而不是过去发生的或未来可能发生的事情。

自我暗示（self-talk）：我们对自己说的话。

自我设限的信念（self-limiting belief）：我们讲述的那些关于自身但阻碍我们前进的故事。

相关资源

读者可以通过以下资源了解更多有关成长型思维的信息，不断发展自己的技能。

给孩子的资源

《男孩成长型思维：迎接挑战、设定目标和实现远大梦想的空间》（*Growth Mindset Journal for Boys: A Space to Embrace Challenges, Set Goals, and Dream Big*）

这本书由伊丽莎白·萨特（Elizabeth Sautter）、加布里埃尔·萨特·萨瓦拉（Gabriel Sautter Savala）主编，提供了进一步培养成长型思维的工具。你可以通过简短的写作提示和简单的活动，继续学习如何改变思维方式以让自己变得更强大、更勇敢和更快乐。

行动起来（*DoSomething*），dosomething.org

“行动起来”是致力于青年和社会变革的非营利组织，成员们通过参加志愿者活动、社会变革和公民行动运动等方式，对他们关心的事业产生现实影响。

零小时（*Zero Hour*），thisiszerohour.org

“零小时”聚焦不同青年围绕气候和环境公平进行的对话。

给看护人的资源

我的兄弟守护者联盟（*MBK Alliance*），obama.org/mbka

联盟致力于为有色人种男孩和年轻男子建立安全的、支持性的社区，帮助他们更好地把握各种机会。

正念（*Mindful*），mindful.org

一个致力于激励、引导人们（包括儿童）学习正念并形成社群的网站。

思维工作（*Mindset Works*），mindsetworks.com

“思维工作”是成长型思维理论的全球领导者，通过研究、合作、针对学生和教育者的项目、其他工具和资源以及宣传来推动成长型思维理论的影响。由《终身成长：重新定义成功的思维模式》（*Mindset: The New Psychology of Success*）一书的作者卡罗尔·德韦克（Carol Dweck）及其同事丽萨·布莱克韦尔（Lisa Blackwell）博士、爱德华多·布里塞尼奥（Eduardo Briceño）创立。

风险实验室（*VentureLab*），venturelab.org

“风险实验室”由克里斯托·葛郎才（Cristal Glangchai）创立，

致力于帮助孩子们创新、创造和发掘自己的潜力。

你立方（*youcubed*），youcubed.org

“你立方”由乔·博勒（Jo Boaler）博士创立，致力于将成长型思维和数学结合在一起，用开放和创造性的思维数学启发学生。

参考文献

Boaler, Jo. *Limitless Mind: Learn, Lead, and Live Without Barriers.* New York: HarperOne, 2019.

"Brain Anatomy and How the Brain Works."Johns Hopkins Medicine. Accessed March 27, 2022.hopkinsmedicine.org/health/conditions-and-diseases/anatomy-of-the-brain.

Britannica. "Dreams from My Father: A Story of Race and Inheritance." Accessed March 25,2022.britannica.com/topic/Dreams-from-My-Father-A-Story-of-Race-and-Inheritance.

Brown, Brené. *Braving the Wilderness: The Quest for True Belonging and the Courage to Stand Alone.* New York: Random House, 2017.

Casey, Nora Sørena. "Tyler Perry." Britannica.Last modified March 7, 2022. britannica.com/biography/Tyler-Perry.

Denworth, Lydia. "Debate Arises over Teaching 'Growth Mindsets' to Motivate Students." *Scientific American.* August 12, 2019. scientificamerican.com/article/debate-arises-over-teaching-growth-mindsets-to-motivate-students.

Duckworth, Angela. *Grit: The Power of Passion and Perseverance.*New York: Scribner, 2016.

Duncan, Arne. “The World’s 100 Most Influential People: 2012.” *Time*. April 18, 2012. content.time.com/time/specials/packages/article/0,28804,2111975_2111976_2111945,00.html.

Dweck, Carol. *Mindset: The New Psychology of Success*. New York: Ballantine Books, 2006.

Dzubow, Lauren.“The Secret to Obama’s Success: He’s Boring?” April 2009. oprah.com/money/what-makes-president-barack-obama-successful.

Editors of Biography.com. “Abraham Lincoln.” February 12, 2018. biography.com/us-president/abraham-lincoln.

Editors of Encyclopedia Britannica.“Jay-Z.”Accessed March 25, 2022. britannica.com/biography/Jay-Z.

Farson, Richard, and Ralph Keyes. “The Failure-Tolerant Leader.” *Harvard Business Review*. August 2002. hbr.org/2002/08/the-failure-tolerant-leader.

“Helping Kids Identify and Express Feelings.” Kids Helpline. Accessed March 26,2022.kidshelpline.com.au/parents/issues/helping-kids-identify-and-express-feelings.

History.com Editors. “Cesar Chavez.” History.com. February 8,2021.history.com/topics/mexico/cesar-chavez.

Intellectual Ventures. “Failing for Success: Thomas Edison.” January 26, 2016. intellectualventures.com/buzz/insights/failing-for-success-thomas-edison.

Jeremy Lin Foundation. Accessed March 25,2022. jeremylinfoundation.org.

Lloyd, Rees. “Lessons from the Life of a Great American.” *Record Gazette*. March 29, 2007.recordgazette.net/news/lessons-from-the-life-of-a-great-american-cesar-chavez/article_8505a9c9-77c0-5cbe-a69e-b1ecdfed8724.html.

“Mistakes Grow Your Brain.” youcubed. youcubed.org/evidence/mistakes-grow-brain.

Pawel, Miriam. “How Cesar Chavez Changed the World.” *Smithsonian Magazine*. November 2013. smithsonianmag.com/history/how-cesar-chavez-changed-the-world-3735853.

Russo Bullaro, Grace. “The Incredible World of Child Activists: They’re Scared, but Want to Save the World.” *VNY Media La Voce di New York*. February 10, 2021. lavocedinewyork.com/en/news/2021/02/10/the-incredible-world-of-child-activists-theyre-scared-but-want-to-save-the-world.

Scharneberg, Kirsten,and Kim Barker. “The Not-So-Simple Story of Barack Obama’s Youth.” *Chicago Tribune*. March 25,2007. chicagotribune.com/chi-070325obama-youth-story-archive-story.html.

Washington Post Staff and Contributors.“12 Kids Who Are Changing Their Communities and Our World.” *Washington Post*. April 11,2020.washingtonpost.com/kidspost/2020/04/11/12-kids-who-are-changing-their-communities-our-world.